AF463899

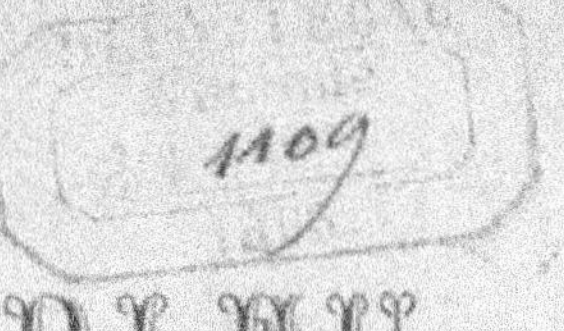

LE

DAHLIA BLEU

PAR

JEAN SÉNAMAUD JEUNE

Membre correspondant de la Société d'Agriculture, Sciences et Arts de Poligny (Jura)

ET

JULES LÉON

Auteur de la *Botanique usuelle*

Flores spargamus, amici.
Jetons, amis, jetons des fleurs.
(TIBULLE, *Élégies*.)

PARIS-BORDEAUX

Chez les principaux libraires et chez les auteurs,
rue Bouquière, 43 et rue de Berry, 33

—

1865

TABLE DES MATIÈRES

—

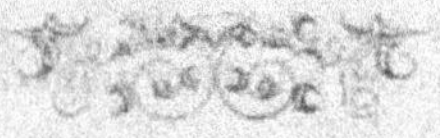

OUVRAGES DE M. JULES LÉON

Leçons de Botanique usuelle, 1 vol. in 8°, 300 pages; prix : 3 fr. — Cet utile et remarquable travail, qui se trouve à la Bibliothèque impériale de Bordeaux, a été donné par MM. E. Fourcand et Chauvin à la Bibliothèque populaire récemment fondée par Ch. Laterrade. — Bordeaux 1861.

Médecine par les plantes vulgaires, 1 vol. in-8°, 100 pages avec figures. Lyon 1862. — Prix : 3 fr. 50.

Thèse de tératologie végétale, présentée et soutenue à l'École de pharmacie de Paris (août 1852).

Plantes rares de Dax, Peyrehorade, Bayonne, ouvrage très utile aux herborisateurs, 1 vol. in-32. — Prix : 2 fr.

Fleurs antiques, manuscrit approuvé par l'Académie de Bordeaux. — Voici ce que disait de cet opuscule le regrettable et savant Goût-Desmartres, rapporteur pour ce manuscrit : « Ce recueil, composé de » traductions ou plutôt d'imitations d'Horace, de Tibulle et de quel- » ques autres poètes latins, dénote des études classiques faites avec » soin, et un amour louable des lettres anciennes, ces sources éternelles » du beau. On y remarque le sentiment de l'antiquité et souvent un » certain bonheur pour rendre l'expression latine. » (*Actes de l'Académie de Bordeaux* 1860, n° 8.)

Méthode facile pour les verbes espagnols, prix . 1 fr.

Manuel pour les falsifications, secours dans les empoisonnements, 1 vol. in-8° de 200 pages. Paris-Bordeaux, 1863. Prix : 2 fr. — Ouvrage très utile aux médecins, pharmaciens, officiers de police chargés de la salubrité publique, industriels, commerçants, etc. — M. Lacroix, éditeur, Paris, quai Malaquais ; la Bibliothèque impériale de Bordeaux, celles d'Alger, de Poligny, de Lyon ont acheté ce précieux livre au nombre de 425 exemplaires. — Voici, au reste, des attestations sérieuses établissant, d'une manière incontestable, les services rendus par le *Manuel contre les empoisonnements* : « Je, soussigné, déclare et » certifie que depuis que moi-même et mes ouvriers mettons en prati- » que les conseils du *Manuel contre les empoisonnements*, de M. Jules » Léon, pharmacien de l'École de Paris, lauréat des concours scientifi- » ques de Poligny et de Lyon (4 médailles d'or et d'argent), nous som- » mes à l'abri des incommodités et maladies causées par les émanations » des métaux toxiques, cuivre, plomb, zinc, etc. En foi de quoi, nous » avons délivré et signé les présents certificats. — BASSIÉ aîné, *fon-* » *deur métallurgiste*, place Sainte-Colombe ; BILLAN, *mécanicien,* » *inventeur breveté du frein Billan* admis sous le n° 27 à l'Exposition de » Bordeaux 1865, rue Saint-James, 41. » (Suivent les légalisations des signatures par M. le commissaire Cantanut.)

Concours scientifiques de la Société du journal
l'Industriel français, de Lyon

Fondateur, M. GONDY. — Président, M. A. SAMBAIN. — Rapporteur, M. A. PEZZANI, avocat à la Cour impériale, lauréat de l'Institut.

19 mai 1860. — Médaille d'argent unique décernée en prix réservé à M. Jules Léon, pour ses *Leçons de Botanique usuelle*.

13 octobre 1861. — *Fabrication économique du sucre*. 14 Mémoires présentés. Premier prix, Médaille d'or de 120 fr., décernée à Jules Léon; second prix, Médaille d'argent de 25 fr., à M. Sicard, docteur-médecin, à Marseille.

4 mai 1862. — *Succédanés du blé*. 21 Mémoires. — 2 premiers prix, Médailles d'or de 100 fr., aux docteurs Sicard et Bertherand, médecin en chef de l'hospice d'Alger; second prix, Médaille d'argent, à M. Gaudin, curé de Froges. — Médaille d'argent commémorative hors concours décerné,e à M. Jules Léon, pharmacien lauréat de Paris.

Société des Sciences de Poligny (Jura)
Concours de 1863

Président, M. CLERC-OUTHIER. — Secrétaire général, M. H. CLERC.

Médaille de deuxième classe (bronze) décernée au mémoire de M. Jules Léon sur l'*Influence de la culture sur les plantes officinales*, sous le patronage de S. A. I. le prince Napoléon.

OUVRAGES DE JEAN SÉNAMAUD JEUNE

POUR PARAITRE PROCHAINEMENT :

Les fleurs d'or, poésies, 1 vol. in-8° de 150 pages, prix : 2 fr.

Le Sphinx moderne, recueil de charades, d'énigmes, de logogriphes, avec prime aux *devins*. 1 vol. in-8°, 200 pages; prix : 2 fr. 50.

SOUS PRESSE :

Les Mémoires d'un Damné, roman fantastique en trois parties, avec prologue et épilogue, 1 vol. in-8° de 150 pages; prix : 3 fr.

On souscrit, pour ces ouvrages, chez les auteurs, rue de Berry, 33, et rue Bouquière, 43, à Bordeaux.

UN CHAPITRE SPÉCIAL

ou l'on sert en guise de préface

LA LISTE DES PREMIERS SOUSCRIPTEURS

DU

DAHLIA BLEU

MM.

A. Castro, chevalier de l'Ordre royal de Charles III — Mauan, pharmacien, à Margaux (Gironde) — E. Barandon, rue St-James, 49 — P. Mongardey — E. Saye — F. Petit — L. Testevin — Henry Cros — M. Majeau — A. Dufour et Bruneau, rue de Guyenne, 3 — Lavigne et Babylée, pharmaciens, place des Capucins — Dubourdieu, négociant — Risse, sauveteur médaillé (méd. d'or), luthier, rue Bouffard — Alphonse Dussert, droguiste — Sens, charcutier, place d'Auphine, 19 — Sual, horloger, cours Napoléon — Darthès, négociant — Lubet, pharmacien — Tandonnet, négociant — Pauliet, pharmacien — Croullet, maître de pension, rue Berry — Sery, négociant, quai de la Monnaie, 11 — Arnouil, négociant en vins, imp. St-Jean — Moline frères, rue St-Remy (ville de Lyon) — L. Lalande, droguiste — Billan, buraliste, 41, rue St-James — Cl... Girard, professeur d'escrime, au Bazar-Bordelais — L. Honnau, E. Castagnol, Degos (maison Tallemon) — L. Deguilhem, M. Passevau, rue St-Remy — Costert et E. Sieuzac, liquoristes-distillateurs, rue Fondaudège, 41 (produits du Père Kermann, médailles de bronze et mention, Bordeaux 1859, Niort 1865) — Plantie, directeur du camionage, passage Ste-Colombe — Bassié, fondeur, rue Ste-Colombe — Carbonnel, orfèvre, rue St-Siméon — Arbez, horloger à La Bastide — Mignon, buraliste et Chanau, cafetier — Canderès, inventeur breveté et récompensé du pianorgue, allées de Tourny (2 médailles) — E. Vidal, lithographe, rue Pilliers-de-Tutelle — E. Lamothe, négociant, rue des Menuts, 43 — Alberge, maître de pension — Ch. Despagne, mégissier, rue Poudiot — David, marchand-tailleur — Mayroux, relieur-cartonnier, rue Poitevine — Dupeyrat, droguiste, rue du Pas-Saint-Georges — Chevènement, négociant — Venot, docteur en médecine (auteur des *Loisirs poétiques d'un spécialiste*), cours de Tourny — Tessendié-Delmas, négociant, rue de la Rousselle, 8 — Hardi, rue de la Rousselle, 14 — Sully Roche, rue Ausone, 4 — Martial Demaison, forgeron (inventeur de plusieurs charrues), fabricant de toutes sortes d'instruments aratoires, à St-Priest-Ligoure (Haute-Vienne) — Mouchet, coutelier, rue Ste-Catherine, 152 — Giovanoli, même rue — Blatrier, rentier — Escande, charcutier, rue Berry, 33 — Léon Janicot, de Solignac (Haute-Vienne) — Paul Castaings, cours Napoléon — Plantié, négociant, cours St Jean, 190 — Guignan, rue Ste-Catherine — Beauxis, route de Toulouse, 91 — Goyau, cours Balguerie-Stuttemberg, 35 — Couxème, allées de Noyers — Martial Nicaud, lieutenant du génie, au Sénégal — Maugard, pâtissier, rue de Berry, 29

MM. :

Ernest, boulanger, même rue — Clos, coiffeur, cours d'Aquitaine, 26 — Condis jeune, ébéniste, place Ste-Eulalie, 5 — Jaudos, charcutier, à La Bastide — Dupas, rue de Pessac — Labarrerre — Mlle Louise Chouly, à Limoges. Arthur de P. G. D., négociant (Madagascar) — Mlles A.. et D.. Van Gelder, professeurs de musique au collége de St-Joseph-Tivoli — Anna Mazeau, route de Toulouse — Sarrailh, rue Ste-Eulalie — Thibaut, rue Ste-Catherine, 188 — Pautriex, rue de Poissac — Stiéblair, rue Poudiot, 28 — A. Vignasse, pharmacien de première classe — H. Bassié, métallurgiste, place du Vieux-Marché — Grenié, place du Vieux-Marché — H. Lacoste, négociant, rue Ste-Catherine — Mlle Delphine Moreau, rue Ste-Croix — Lagasse, pharmacien (pharmacie anglaise, sève et sirop de sève de pin et autres produits du pin maritime), allées de Tourny, 15 — Capetter, *Cave Bordelaise*, cours de Tourny, 34 — Mme Minvielle (Maison Mauret), lauréat de l'Exposition de Bordeaux 1859 (médaille d'argent 1853, médaille pour les ornements des fêtes de charité, 1865 médaille d'argent grand module de la Société d'horticulture Bordeaux). Fabrique de fleurs artificielles, 31, cours de l'Intendance — M. et Mme Moïse d'Isaac Léon à Peyrehorade (Landes) — M. et Mme Elie d'Isaac Léon à Peyrehorade (Landes) — M. Alfred, Mmes Coraly et Emma Léon à Peyrehorade (Landes) — Mme Désirée Léon — Cazenave, bouchonnier, r. du Loup, 77, Bordeaux — P. Boyer, coiffeur, Limoges — Sarraille, zingueur ornemaniste, cours de Tourny, 81. (Exposition de 1859, médaille unique sur le rapport du jury, Académie nationale médaille d'honneur deuxième classe 1861, Exposition d'horticulture, 2 médailles de S. Exc. M. le Ministre des travaux publics, objets d'art, 2 médailles d'or 1862-63, médaille d'argent 1865 — Tarrieu, cours Tourny, 36 (administrateur des vidanges de la Gironde) — Gouron, La Bastide — le docteur Bertherand, médecin en chef de l'Hôpital militaire à Alger — Paul Vergnes, à Mussidan (Dordogne) — Noël-Lièvre — P. Lamalatins — Alcide-Henry Boudinot (Maison Soupre et Boisson), cours Napoléon, 83 — Loste aîné, courtier de bestiaux, rue Belle-Etoile, 15 — L. Cadoch — Pimorin, maître de pension — Transforest, médecin-pharmacien, rue Dauphine, 35 — Ste Foy (Mont-de-Marsan) — Laurens, professeur au lycée de Mont-de-Marsan) — C. Périer, professeur de belles-lettres — P. Demaison, à Néxon.

En adressant aux auteurs 1 fr 20 en timbres-postes, on recevra *franco* le DAHLIA BLEU.

PAQUITA DEL CINTRO

NOUVELLE ESPAGNOLE

PAR

JEAN SÉNAMAUD JEUNE

A la mémoire de mon père et de ma mère.

Regrets éternels

I

PROLOGUE

J'étais à Biarritz, à Biarritz, séjour et rendez-vous de l'aristocratie du globe ; à Biarritz, où le regard peut se porter avec un certain ravissement, sur les jeunes et belles dames qui étalent sur la plage, le somptueux luxe de leurs sémillantes toilettes.

J'étais allé à Biarritz pour me baigner dans cette eau délicieuse, si justement renommée par le bien-être qu'elle procure au voyageur malade et au touriste bien portant. Après avoir, pendant un mois, épuisé la coupe de toutes les distractions que l'on rencontre dans cette charmante localité, je me proposai de faire une excursion lointaine.

II

En touriste curieux, je voulais tout voir, et j'avançais toujours. C'est ainsi que, dans une de mes courses, je me trouvai au pied de la tour de Fontarabie, ancienne prison d'État. Sur le seuil de cet édifice, je rencontrai un homme, au type castillan fortement accentué. Un toque de couleurs jaune et rouge recouvrait la tête de ce singulier personnage; une culotte et une *chupa* (veste) de velours bleu, une ceinture de fine soie rouge, une chemise à petits plis et à manchettes gaufrées, et des souliers vernis à boucles, complétaient le costume de cet Espagnol à la tournure athlétique. Son air hautain ne m'inspirait nulle confiance, et ce fut d'une voix presque craintive que je lui adressai les paroles suivantes: « *¿Señor, se puede entrar à la torre?* (Peut-on entrer à la tour?) » Ma phrase ne fut pas plus tôt achevée, que les yeux de cet arrogant Espagnol se braquèrent sur moi, comme ceux d'un vieux Rodillard guettant une souris, et je n'obtins pour réponse que cet air de mépris et de dédain, accompagné d'un « *No se puede* (cela ne se peut pas). » Juanez de Torrillos (c'était le nom de mon étrange interlocuteur), me laissa donc tout à fait abasourdi, tant par l'expression de son regard, que par l'animation avec laquelle il prononça ces mots fatidiques « *No se puede*. »

III

UNE VOIX MYSTÉRIEUSE

Je gravis un rocher situé presque en face de la tour, ce qui me permit d'apercevoir le faîte du monument. Tout à coup, dans cet endroit isolé, une voix se fait entendre. Je jette un regard scrutateur autour de moi et vers le pied du rocher, mais je suis bientôt convaincu que cette voix ne vient pas du lieu où je suis. D'où vient-elle donc, cette voix? Du ciel? Hélas! je suis un instant tenté de le croire, mais les paroles qui frappent mon oreille me prouvent que ce n'est point le chant dont les anges glorifient le Seigneur. Si mon souvenir est exact, voici ce que disait la voix, dans une lamentation impossible à décrire, et au milieu de sanglots déchirants : « Il n'est plus, celui qui possède toute mon affection, il n'est..... » Hélas! la voix s'arrêta un instant pour exclamer encore : « Pauvre Alonzo..... il m'est impossible de vivre sans toi. »

IV

J'étais encore à réfléchir sur ce que je venais d'entendre, lorsqu'en levant les yeux vers le ciel, comme pour chercher dans l'immensité cette voix affligée et plaintive, je m'aperçus qu'un objet peu volumineux s'échappait du haut de la tour, et que, poussé par le vent, il venait tomber à mes pieds. Je ramassai cet objet : c'était un billet. A l'écriture fine et délicate, je vis du premier abord qu'une main féminine avait tracé ces lignes, et que des larmes avaient mouillé ce papier. L'anxiété où je me trouvais, me suggéra le désir de faire la lecture de ce billet dont voici la teneur :

V

LE BILLET RÉVÉLATEUR

« Je suis la fille d'un grand d'Espagne. La mort préma-
» turée de mon excellent père me laissa orpheline, car j'avais
» perdu ma mère en venant au monde... Je fus recueillie par
» S. M. C. la reine d'Espagne, qui me fit entrer dans une
» maison religieuse, où je fus élevée dans la crainte du Sei-
» gneur. Vers l'âge de dix-sept ans, après avoir reçu une
» brillante éducation, on m'admit parmi les dames de la
» cour, et ce fut dans cette nouvelle position que le jeune
» comte Alonzo de Pechillas ne tarda pas à se faire connaître,
» et à me déclarer tout l'amour qu'il ressentait pour moi.
» J'étais bien jeune alors, et je n'avais encore jamais aimé
» personne! Mais quand Sa Majesté Catholique me présenta
» ce beau jeune homme, je sentis instinctivement en moi-

» même que j'avais été créée pour lui... Ma main fut donc » accordée au jeune comte, et nous fûmes fiancés, pour » attendre le mariage dont la célébration fut remise à huit » mois plus tard.

VI

» Un homme dont je ne puis prononcer le nom qu'en » frémissant d'horreur, avait prémédité et juré d'assouvir » sur moi une passion honteuse et coupable. Depuis long- » temps cet homme me tendait un piége. Je remercie Dieu » de m'avoir donné la force nécessaire pour déjouer les » projets audacieux de cet infâme, dont le nom seul souille- » rait l'oreille la plus chaste, car il a espéré et espère encore » me réduire, par les tortures sans fin et les souffrances into- » lérables qu'il me fait endurer.

VII

UN DOUBLE CRIME

» Mon ignoble persécuteur n'a pas craint de commettre » les forfaits épouvantables dont je vais être aujourd'hui la » révélatrice :

» Un soir, je sortais d'un bal donné à l'occasion de mes » fiançailles, accompagnée de plusieurs dames d'honneur » et d'*hidalgos* de pure et noble race, au nombre des- » quels se trouvait mon fidèle et dévoué Alonzo. Je croyais » n'avoir rien à redouter, et j'envisageais déjà l'avenir à » travers les séduisantes couleurs du prisme de l'espérance » et de l'amour. Tout à coup quatre hommes masqués fon- » dent sur mon fiancé, et leurs poignards, guidés par la » satanique main dont je ressens aujourd'hui l'injuste et » criminelle oppression, étendent sur le sol, une innocente » victime, l'infortuné Alonzo de Pechillas qui ne tarda pas

» à rendre le dernier soupir. A la vue de cet assassinat, je » m'évanouis. Lorsque je me réveillai, je me trouvai dans » cette affreuse tour de Fontarabie, qui est ma prison depuis » dix ans environ ; dix ans passés dans les larmes et dans le » désespoir!.....

VIII

» Je suis prisonnière du lâche ravisseur, qui s'est fait » geôlier, pour assouvir par lui-même, au moyen des traite- » ments auxquels il me jette en pâture, l'atroce jalousie qui » gangrène son cœur, rongé par l'incurable lèpre du vice; » mais je vais échapper à la machiavélique vengeance de ce » criminel si raffiné, qui se nomme Juanez de Torrillos !.... » Rival trop jaloux de mon bien-aimé et regretté Alonzo de » Pechillas, à qui le poison infiltré dans mes veines, va me » rejoindre pour l'éternité..... Je meurs en bénissant cette » fatale coupe qui met un terme à mes souffrances, en m'ou- » vrant les portes du ciel, où je verrai le seul homme que » j'aime, et qui me chérit d'un amour immaculé.

» PAQUITA DEL CINTRO. »

. . . .

Quelques jours se sont écoulés. Pour la seconde fois je reviens vers la tour, où je désire vivement pénétrer. Mais que vois-je sur le seuil? Deux cercueils..... L'un renferme le corps de la chaste Paquita del Cintro; l'autre, celui de l'assassin d'Alonzo de Pechillas.

IX

ÉPILOGUE

Après avoir vu son injuste vindicte lui échapper par le

suicide de l'infortunée jeune fille, Juanez de Torrillos était tombé raide mort, frappé d'apoplexie foudroyante.

. . . .

Je ne décrirai point mon retour à Bordeaux, tout ému que je suis de cette épouvantable tragédie dont le souvenir se perpétuera dans ma mémoire !!...

JEAN SÉNAMAUD JEUNE.

LE CHANT DE MORT DU ROI NÉGOUZIÉ

DÉDIÉ

AUX BRAVES DE PEYREHORADE

PAR JULES LÉON

C'était le 29 juin 186... Une chaleur tropicale enflamme l'atmosphère de ses incandescents rayons. Dans le lointain, on entend de sauvages clameurs qui se mêlent au bruit confus des tamtams et des flûtes de bambou, en produisant une harmonie lugubre et bizarrement cadencée !... On dirait le chant de la mort, l'infernale musique des démons montée au sinistre et féroce diapason des hurlements de la hyène et du chacal, qui s'acharnent sur les cadavres et sur les tombeaux..... Un sanglant combat a eu lieu naguère entre les rois Otar-Gull et Négouzié, tous deux compétiteurs au trône d'Abyssinie. La victoire s'est prononcée en faveur d'Otar-Gull Ier qui va être couronné, tandis que son infortuné rival doit subir la loi du droit de la guerre, être écorché tout vif... Car tel est le code martial des Abyssiniens. Ainsi l'ordonne cette jurisprudence barbare.

Sur le sable vitrifié, pour ainsi dire, par les fulgurantes effluves de ce ciel de feu, s'avance une foule compacte de farouches guerriers portant, comme décorations, les crânes et les ossements des ennemis qu'ils ont massacrés. Sur un char traîné par des chevaux noirs, se trouvent plusieurs naturels fondant en larmes, et prodiguant les marques de la plus vive affliction à un homme d'une colossale stature, qui, debout et impassible, semble dédaigner les condoléances qu'on lui adresse. Cet homme est le roi Négouzié, le héros de l'horrible fête. Pourquoi pleurer, dit le prince déchu à son entourage ; pourquoi déshonorer mes derniers moments par des regrets intempestifs ? Laissez-moi chercher dans le trépas, le triomphe qui m'a échappé dans le combat. Je suis vaincu, je dois être écorché vif..... Laissez faire la destinée.

A ces mots, le roi Négouzié saute de son char avec la rapidité de l'éclair, et se livre aux exécuteurs qui l'attachent au fatal poteau. Pour couper court à tous les retards, cet énergumène du martyre patriotique entonne ainsi son chant de mort :

I

La mort est l'éternel sommeil. Peu importe la voie par laquelle on y arrive. Infâmes et lâches ennemis, vous croyez avoir vaincu le roi Négouzié ; erreur, erreur, trois fois erreur ! Le roi Négouzié est plus grand et plus heureux que vous, car il va recevoir la palme de l'immortalité, tandis que vous resterez en butte aux frivoles passions d'un monde hypocrite et mensonger..... En vain vous essayez de m'effrayer par ce que vous appelez mon supplice.....

Le frêle gazon n'égale pas le palmier, et la gazelle timide

ne saurait épouvanter le valeureux lion à l'ondoyante crinière d'or.

II

Timides et débiles femmelettes, vous éprouvez une terreur que je ne connaitrai jamais. Vous ne pouvez supporter la vue du sang qui s'écoule de mes plaies, et vous osez usurper le titre de guerriers..... Sortez de ma présence, et qu'elle ne déshonore pas le dernier soupir de celui qui vous roule dans la boue de son dédaigneux et profond mépris. Oui, vous êtes dignes de ramper dans la fange immonde où grouille et se blottit le crocodile, mais je ne vous reconnais pas le droit de souiller mon héroïsme de l'impur venin de vos regards. Et toi, bourreau, qui es-tu? Un être faible et sans courage dont la couardise me fait horreur..... Tu trembles, et ton bras sans force ne peut guider le couteau qui tombe de ta main. Va plus vite et plus sûrement, ne cherche pas à m'épargner. Coupe les muscles, si tu n'es pas assez adroit pour détacher l'épiderme. Le roi Négouzié ne craint pas la souffrance; au lieu d'une gloire, il en aura deux : celle d'être écorché vivant, et celle d'être mis en pièces. Mais que dis-je? Est-ce une gloire que d'être exécuté par un poltron aussi vil que toi? Ah! si la panthère et le tigre, aux naseaux sanglants, bavaient contre moi l'écume cruorescente de leur fureur, oh! alors, honneur, honneur, trois fois honneur au roi Négouzié, car il aurait des adversaires dignes de lui, il pourrait donner carrière à sa valeur; mais quand le bourreau tremble, quel outrage pour le vaincu, obligé de vomir l'injure et la virulente invective! Sans doute Otar-Gull a voulu rehausser l'éclat de son triomphe, en m'écrasant sous le poids d'une ironique ignominie, en me donnant pour exécuteur, un être timide et dégradé par sa pusillanimité. Et vous, livides spectres de la peur, vous n'avez même pas le courage de votre bassesse. Le roi Négouzié est plus fort et plus puissant que vous, et je voudrais vous bafouer, vous frapper au cœur avec le glaive empoisonné de l'insulte; ce glaive à coup sûr s'émousserait sur l'écorce de vos âmes pétrifiées par la terreur, et je ne puis que me demander dans mon for intérieur :

Le frêle gazon égale-t-il le palmier; la timide gazelle saurait-elle effrayer le courageux lion à l'ondoyante crinière d'or ?

III

Je m'indigne quand je vois des lâches et des poltrons tels que toi, Otar-Gull, comme toi, fantôme de bourreau, comme toi, foule stupide et sans cœur. Souvent, dans les rêves impurs issus de votre intempérance, vils jouets de vos brutales passions, vous verrez l'ombre du roi Négouzié. Votre âme serait assez perverse pour porter envie à ce souverain, si cette apparition ne vous glaçait d'épouvante et d'horreur. Mais le courage et la bravoure sont pour vous des mots vides de sens, et dans le silence de la nuit, vous n'êtes accessibles qu'au seul et unique sentiment de la peur, la peur qui souille souvent vos couches de sordides traces, dont l'empreinte fétide est moins rebutante que votre lâcheté!..... Otar-Gull, Otar-Gull, si le sort avait trahi tes armes, tu n'oserais pas user de représailles. Bien loin de là, tu ramperais à mes pieds comme le reptile venimeux; tu implorerais ma clémence, prince vil et dégradé; mais le roi Négouzié aime mieux la défaite et ses funestes conséquences, que le spectacle de ta flétrissante indignité. Je supporterais les plus affreuses tortures, plutôt que la vue d'un misérable couard tel que toi. Plût à Dieu que la haine fût le mobile de ta conduite à mon égard! mais ce n'est point le ressentiment qui t'anime contre moi. Le motif qui te porte à anéantir ma personnalité, c'est, je rougis de prononcer le mot, c'est la peur, et tu as raison; car si tu avais le malheur d'épargner le roi Négouzié, lui ne t'épargnerait pas, atroce fanfaron de poltronnerie et de lâcheté. Le roi Négouzié se baignerait dans ton sang, nature abjecte et dégradée ; n'est-ce pas plutôt un croupissant et putride limon qui circule dans tes veines? Roi Otar-Gull, bourreau et soldats, je voudrais pouvoir me dire votre ennemi ; mais vous n'excitez en moi que la pitié et le dégoût. Je me sens inspiré..... A l'heure suprême, je lis dans les insondables profondeurs de l'avenir..... Voici ma prédiction : Aucun barde ne célèbrera vos soi-disant exploits, êtres vils et méprisables, tandis qu'avant peu un homme, ami de la science et de la vérité, recueillera mon *chant de mort*, et transmettra à la postérité, ce monument de mon héroïsme, ce monument destiné à éterniser le souvenir de votre impitoyable cruauté. Auréole lumineuse et resplendissante, le sauveur de ce refrain rayonnera à travers le prisme des âges futurs :

Le frêle gazon peut-il égaler le palmier? La timide gazelle peut-elle effrayer le lion courageux à l'ondoyante crinière d'or?

. . . .

Le roi martyr cessa de chanter.

En perdant le dernier lambeau dépiderme et sa dernière goutte de sang, le roi Négouzlé avait exhalé son dernier soupir.

JULES LÉON.

Bordeaux, juin 1862.

LE

CHÈVRE-PIEDS

BALLADE FANTASTIQUE EN PROSE

PAR JULES LÈON

A M. Jules Ducasse, secrétaire de la Mairie de Peyrehorade (Landes).

Il est minuit. Sur les crêtes calcaires des collines qui bordent l'antique manoir de Guiche, j'erre à l'heure où chacun repose. Mon imagination se donne carrière dans le morne et imposant silence de la nuit. Je vois repasser devant mes yeux les générations qui ne sont plus, et alors s'offre à mon regard, la terrible et épouvantable légende du *Chèvre-pieds*.

I

Béatrix était l'unique et heureuse fille du marquis de Lescar. Belle et bonne comme elle était, la jeune Béatrix se conciliait tous les cœurs !... Malheureusement il n'en était pas de même pour son père, le farouche Raoul de Lescar, qui opprimait ses vassaux sous le poids de la tyrannie la plus impitoyable. La mère de Béatrix avait perdu le jour en le donnant à sa fille affligée, en punition des crimes de son père, de l'horrible difformité qui donne à cette ballade l'étrange titre qu'elle porte. Béatrix avait les jambes et les pieds d'une chèvre, et c'est l'infortunée jeune fille qui sera la triste héroïne de la légende du *Chèvre-pieds*.

II

Plusieurs riches suzerains recherchèrent la main de Béatrix. Le sire de Quercy et Gaston de Guiche combattirent en champ clos, pour l'honneur de faire la cour à la noble et belle châtelaine; l'avantage resta à Gaston de Guiche, et son rival évincé exhala son ressentiment en vaines imprécations. La cérémonie nuptiale ne tarda pas à cimenter entre les deux époux le lien indissoluble. Béatrix fit jurer à Gaston de respecter le secret de sa difformité qu'elle cacha sous d'amples brodequins. Cet heureux hymen fit briller, dans leur jour le plus éclatant, les solides et précieuses qualités de l'héroïne de la légende du *Chèvre-pieds*.

III

Un soir, la tempête était déchainée dans toute son horreur... Un vent glacial s'engouffrait dans les arbres du parc, et le torrent de la vallée, roulant de fortes et écumeuses vagues, semblait vouloir tout engloutir..... La foudre sillonnait les nues, en traçant des cercles de feu. Un cavalier traversait la forêt de Guiche, emporté qu'il était par un véloce coursier. Ce singulier personnage semblait ne pas s'apercevoir du désordre des éléments. On eût dit le génie du mal faisant dérision de la puissance divine. On eût cru voir l'ange de la mort monté sur l'hippogriffe de Roland!.... Evidemment, à voir l'agitation de ses traits, on s'apercevait qu'une colère sourde et terrible possédait le cœur de ce cavalier, plutôt épouvantable qu'épouvanté!... Au lointain, le sinistre et terrible grondement de la foudre roulait dans l'atmosphère ses notes vibrantes à la terrifiante sonorité..... Cruel présage de la chute et du choc en retour de la masse électrique sur quelque édifice voisin, un effrayant coup de tonnerre fit retentir les airs par une explosion subite dans la direction du château de Guiche, qui, à la lueur des éclairs, parut comme illuminé par les sataniques flammes de l'enfer.....

Malédiction! hurla le cavalier, qui n'était autre que le sire de Quercy; si Gaston était foudroyé, je ne pourrai plus me venger..... Un nouveau coup de tonnerre coupa la parole au sire de Quercy, qui, animé par la fiévreuse influence d'une idée fixe, s'achemina vers le manoir de Guiche, que la foudre avait épargné, sans doute à cause de l'ineffable mérite de la vertueuse héroïne de la légende du *Chèvre-pieds*.

IV

Les lourdes chaînes ont abattu le pont-levis du château de Guiche..... Le sire de Quercy, incapable de modérer sa vindicative fureur, se précipite l'épée au poing dans la chambre où reposaient Gaston et Béatrix, dans les bras l'un de l'autre. En ce moment, la tempête redouble, et les éclairs, brillant d'une fulgurante et continue lueur, dispensent le sire de Quercy d'allumer des torches ou des flambeaux. C'est à la clarté de cet orage, qui semble seconder ses desseins, que le cruel sire frappe au cœur Gaston de Guiche, encore plongé dans les illusions d'un amoureux sommeil.....

Béatrix s'éveille en sursaut, et le sire de Quercy pousse le cynisme jusqu'à chercher à assouvir sur elle, sa brutale passion. Mais la jeune femme, se redressant comme la panthère blessée, tire de son sein un stylet empoisonné, et l'audacieux seigneur roule à terre, en proie aux horribles convulsions de l'agonie..... agonie longue, malgré la violence du toxique dont la lame de l'arme meurtrière était imprégnée. Avant de rendre le dernier soupir, le sire de Quercy eut le temps de prononcer ces atroces imprécations, contre l'infortunée héroïne de la légende du *Chèvre-pieds* :

V

CONCLUSION

Malédiction sur ton époux! Malédiction sur toi, femme que j'aimais jusqu'au délire, et que je n'ai jamais pu posséder! Malédiction sur le manoir de Guiche, que le feu du ciel va réduire en cendres! Malédiction sur moi-même, qui expie par un affreux trépas les crimes que j'ai commis, et ceux que je voulais commettre encore! Oui, à l'heure de la mort, je lis dans l'avenir : un homme, à l'imagination brûlante, recherchera les mystères de cette légende, qu'il publiera pour transmettre aux siècles futurs l'histoire de mes épouvantables forfaits, qui serviront de leçon à la postérité.... Je vais mourir, je l'ai mérité; mais ce ne sera pas sans être vengé. O manoir de Guiche, tu ne seras plus demain qu'un monceau de cendres et de pitoyables ruines..... Le démon de la mort m'entraîne dans l'enfer. Et toi, Béatrix, tu perdras la raison, ce privilége que je conserve en l'arrachant aux tenailles acérées de la souffrance qui me dévore; je suis perdu, mais je suis vengé!....

. . . .

En ce moment, le sire de Quercy rendait le dernier soupir..... La foudre, sillonnant la nue incandescente, arrivait sur la tourelle la plus élevée du manoir de Guiche, qui, bientôt après, offrait à l'œil le hideux spectacle d'un incendie subitement allumé..... Les sinistres crépitations des boiseries annonçaient, quelques instants plus tard, que cet antique manoir était rayé de la carte des derniers débris de la féodalité.

Une femme échevelée, l'oeil hagard, à demi vêtue, et poussant d'affreux gémissements, se précipitait dans les flots courroucés de la rivière voisine du château. C'était Béatrix, qui, devenue folle après tant d'horribles catastrophes, avait cherché dans cette mort cruelle, un refuge contre tant de malheurs inattendus!....

Ici finit la lamentable et terrible histoire de la trop infortunée héroïne de la légende du *Chèvre-pieds*.

JULES LÉON.

LE CHATEAU DU ROUSSILLON

PAR D. BROUSSE

A M. Brousse, médecin à Gradignan

Les souvenirs d'enfance se réveillent et agissent quelquefois dans notre âme, avec une telle force, qu'ils nous entraînent, malgré nous, dans un courant que nous sommes contraints de suivre, et auquel nous ne pouvons résister. Ces réflexions me sont suggérées par une aventure arrivée à un de mes amis, dont je vais raconter l'histoire véridique, sans nulle prétention :

J'avais à peine cinq ans, que ma vieille grand'mère m'entretenait chaque soir du château du Roussillon, château où elle avait passé le printemps de sa vie, printemps qu'elle était heureuse et fière de rappeler, tant il avait été beau : « Mon fils, me disait-elle souvent, souviens-toi des bienfaits qu'a reçus ta famille de l'excellent duc du Roussillon, et si jamais tu étais son serviteur, tu aurais à remercier le ciel de la destinée qu'il te réservait..... »

I

VOYAGE AU CHATEAU

Mon projet devait se réaliser le 10 janvier de l'année 1811. Aucun obstacle ne devait empêcher mon départ. Un matin, avant l'aube du jour, je dormais d'un profond sommeil, lorsqu'un violent coup de tonnerre vint troubler mon repos. Les éclairs sillonnaient l'espace..... Ce désordre des éléments produisait sur mon être une indicible expression de tristesse. Tout enfin semblait me présager une journée sinistre, quand mes idées s'envolaient, comme les feuilles au vent, vers l'antique château..... Je partis, bravant ce tumultueux ouragan, avec l'espoir de visiter le bienfaiteur de mes ancêtres, lorsqu'un bras de fer vint frapper ma poitrine. Infâme, me dit l'arrivant, vous êtes l'auteur d'un crime odieux. C'est vous que nous cherchons, c'est vous qui cette nuit avez pillé le château et percé le cœur d'un homme de bien, d'un homme que tout le monde pleure, du duc du Roussillon. Que pensiez-vous en commettant un acte semblable? Croyiez-vous donc échapper à la justice humaine? Non. La Providence vous suivait de trop près, pour ne pas appliquer sur votre front maudit et réprouvé, le stigmate qui condamne le coupable.

. . . .

A ces mots, je sentis mes cheveux se dresser sur ma tête, et mes yeux hagards, sortant de leurs orbites, semblaient vouloir foudroyer mon adversaire; mais j'étais déjà enchaîné. Ma force physique était impuissante, et mes facultés intellectuelles, étaient paralysées par cette imputation aussi étrange qu'injuste.....

Six mois de prévention, six mois, dans un lugubre cachot où n'avaient jamais paru les rayons du soleil, où l'âme la plus navrée croupissait en silence, sous une voûte obscure. Chaque matin et chaque soir, une figure hideuse m'apparaissait pour me porter un morceau de pain noir, trempé dans une eau fétide, une eau où avaient peut-être grouillé d'immondes animaux.....

Mon Dieu, me disais-je, quelle existence pénible pour un innocent! pour une créature qui allait paisiblement aux pieds d'un homme, pour lui exprimer du fond de son cœur sa plus vive reconnaissance! Horreur et épouvante! on impute à cette créature le plus noir des forfaits. O Dieu tout-puissant, je vous en conjure, faites découvrir la vérité!

Quelques instants plus tard, on m'accompagne à la salle de la cour d'assises. Dans ce lieu redouble mon tourment. A l'aspect de tous ces juges, mon sang se glace dans mes veines. Je tombe anéanti sous le poids de la douleur, en protestant de mon innocence. Vaines protestations! Le réquisitoire du procureur impérial fut inflexible, et je fus condamné à mort..... Plus d'espoir! encore quelques heures, et j'étais dans le néant..... Moment fatal, moment d'angoisse! Toi, pauvre geôlier, qui connais le fond de mon âme, tu vas avoir bientôt la triste mission de me remettre entre les mains du bourreau. L'heure sonne, il faut s'acheminer vers l'échafaud. Mes yeux sont baissés, mes jambes s'affaissent, mes joues que j'ai vues colorées, ont pris une teinte livide et cadavéreuse. La foule compacte se presse. Les uns plaignent mon sort en gémissant. Les autres demandent ma grâce. Le prêtre à mes côtés recommande mon âme à Dieu, et sa main étendue comme un voile sur mon front, cache la pâleur de mon visage. J'allais mourir..... lorsqu'une voix, sortie de la foule, se fait entendre : » Arrêtez, dit-elle, c'est moi qui suis le coupable, c'est moi qui suis l'infâme! Je ne peux, en ce moment fatal, laisser périr un innocent que j'ai conduit moi-même sous le couperet de l'exécuteur... » Quelle émotion! Tous sanglotaient. Quel spectacle, quelle scène déchirante! Le peuple en était impressionné au-delà de toute expression, et le ciel même en avait horreur!

L'instrument prêt à m'abattre reste suspendu, et aussitôt,

je suis transporté dans le château. La duchesse et ses enfants viennent tour à tour me visiter, et répandre sur moi les larmes de la douleur et de la joie. Cette bienveillante famille remonte mon courage abattu, et se jette à mes pieds, en me prodiguant les démonstrations d'un inaltérable dévouement. La duchesse m'offre, avec l'assentiment de sa fille, la main de cette aimable enfant ; je l'accepte et je la bénis.....

PROCÉDÉ POUR AVOIR

LE DAHLIA BLEU

SIMPLE RECETTE

Dédiée à Mesdames Emma et Coraly Léon

PAR LES AUTEURS

Voici le moyen mis en œuvre par Mme J. Léon, pour obtenir ce phénix de l'horticulture appelé le dahlia bleu.

Prenez de la mousse que vous arrosez fortement avec une solution d'indigo aussi peu acide que possible. Mettez dans cette mousse des dahlias blancs, sur le point de fleurir et pourvus de racines ; arrosez tous les jours avec de l'indigo en solution, et vous verrez bleuir les fleurs au bout de peu de temps. La théorie de cette méthode est fort naturelle : les racines réduisent l'indigotine bleue, qui redevient blanche, pour acquérir dans les fleurs, par l'oxydation, la couleur propre à l'indigo.

POÉSIES LÉGÈRES

PAR JULES LÉON

HUITAIN A M. LE DOCTEUR VÉNOT

Sur ses Loisirs Poétiques

Ceux que l'inepte encense et que le sot admire,
A vos traits acérés servent de point de mire.
Vous avez su gaîment défendre le progrès
Ebranlé, chancelant dans ce pauvre *Congrès*
Scientifique, hélas! de burlesque mémoire,
Dont vos vers si charmants éternisent l'histoire.
Vos joyeuses chansons causent le désespoir
Des pauvres idiots amis de l'éteignoir.

A LA MÉMOIRE DU PÈRE KERMANN

Dédié à M. Sieuzac

Du sublime Éternel la divine croyance,
Dans les cœurs ulcérés ranime l'espérance.
La liqueur de Kermann, élixir adopté
Par les soins prévoyants de mainte Faculté,
Rallume le flambeau de l'aimable santé.

QUATRAIN SUR VOLTAIRE

Voltaire, philosophe et flambeau du progrès,
En vain de la nature explore les secrets;
Mais quand il fait claquer le fouet de la satire,
Il m'émeut, me transporte et parfois me fait rire.

L'ÉTOILE DE MER

Mainte étoile en brillant sur notre faible terre,
Couvre de son éclat l'infâme déshonneur.
De l'étoile de mer l'élégante couleur
Sur le sable apparaît sans voile ni mystère.

ÉPIGRAMME

Imitée de Martial (Livre XI, Épigr. 64)

Faustus écrit souvent à mon jeune tendron,
Pour lui dire quoi donc? Je n'en sais rien encore;
Mais par malheur pour lui, personne ne répond
A ce fade ennuyeux qui lui-même s'adore.

AUTRE

(Livre V, Épigramme 45)

Bassa, tu te dis chaste et riche en frais appas,
Vierge et novice en l'art de plaire.
Cette vierge toujours dit ce qu'elle n'est pas :
Voilà, très cher, tout le mystère.

AUTRE

Pâlissez pour ces vers ; parcourez-les, jaloux !
Personne en vous lisant ne le sera de vous.

QUATRAIN A M. LE DOCTEUR MARMISSE

Ex-professeur d'hygiène à la Société Philomathique de Bordeaux

Sans un futile apprêt, ton aimable science
Du malade éperdu calme l'horrible transe.
Ton sûr diagnostic m'a rendu plus heureux.
Reçois de ce quatrain l'hommage affectueux.

ÉPITHALAME D'HONORIUS ET DE MARIE

Traduit du latin de Claudien en vers français

Par Jules Léon

De l'astre Idalien l'aigrette flamboyante
Projette au lit d'hymen sa lumière naissante;
L'épouse, en frémissant de crainte et de désir,
Ressent par sa pudeur l'avant-goût du plaisir,
Et par un sentiment que troublent les alarmes,
Sous son voile, ses pleurs ajoutent à ses charmes.
Son cœur bat, sa main tremble, et l'influx amoureux
Centuple en ce moment la force de ses feux.
Presse-la, beau jeune homme, avec force et courage;
Cesse de redouter l'impitoyable rage
Des ongles acérés d'une amante en courroux
Qui refuse à l'amour les plaisirs les plus doux.
Les parfums enivrants ni les sucs de l'abeille,
Le calice odorant de la rose vermeille,
Armés de leurs piquants et de leurs aiguillons,
N'iront jamais chercher l'homme qui dit : Craignons.
Mais les baisers brûlants enflammés par la lutte,
Ces tendres voluptés qu'une femme dispute,
De Vénus qui veut fuir excitant les ardeurs,
En accroissent le charme en les mouillant de pleurs.
Le Sarmate vaincu, tombant dans la poussière
Par les coups meurtriers de ta valeur guerrière,
T'offrirait, prince auguste, un triomphe moins doux
Que ces charmants combats dont l'amour est jaloux.
Puissiez-vous, épuisant de longs jours de tendresse,
Voir s'accroître l'élan de votre belle ivresse!
Que le lierre aspirant le chêne vigoureux,
L'étreigne moins que vous dans vos liens amoureux;
Puissiez-vous défier, dans votre flamme heureuse,
Le lierre qui s'enlace aux branches de l'yeuse!

Savourez à l'envi ces franches voluptés,
Au milieu de soupirs mille fois répétés.
Comme au giron chéri des folles tourterelles,
Soyez-vous l'un à l'autre, à tout jamais fidèles.
Au zéphyr parfumé de vos embrassements,
Dormez, délassez-vous, adorables amants.
Que le sang de l'hymen, sur la pourpre écumeuse,
Mêle au sang de Sidon sa couleur délicieuse;
Et quitte, heureux vainqueur, en saluant le jour,
Le théâtre adoré de ces combats d'amour;
Sois joyeux et content de la noble blessure
Que la lutte nocturne a faite à ta nature.

Sonnez flûtes, sonnez, dans ce jour de bonheur!
Qu'un folâtre plaisir remplace la pudeur,
Dans cet heureux moment où l'aimable Marie
Au bel Honorius pour toujours s'est unie!
Sonnez, sistres d'airain, sonnez, joyeux clairons,
Et faites retentir les échos des vallons!

HUITAIN A JEAN VALLET

EX-PRÉPARATEUR DU PÈRE KERMANN

Par Jean Sénamaud jeune

Lecteur, ne confonds pas avec un plat valet
Ce serviteur zélé qu'on nomme Jean Vallet.
A Kermann dévoué, ce cœur plein de constance,
Sut cultiver de loin sa noble intelligence;
Et pour notre santé, pour notre gai plaisir,
Jean Vallet sait créer le divin élixir
Qui réveille parfois ma muse trop rebelle,
La liqueur de Kermann, à jamais immortelle.

CATALECTE IX DE P. AFRANIUS

TRADUITE DU LATIN EN VERS FRANÇAIS, PAR JULES LÉON

A Mme D. L.

Pourquoi toutes les nuits mon oreille attentive
Répète un nom qui fuit mon oreille rétive?
Je ne sais. Tu me dis : quel est ce souvenir,
Ce souvenir qui vient, dans la nuit *silencieuse*,
Réveiller ton amour? C'est l'aimable soupir
De Délie adorée à la voix amoureuse,
Plus douce que la brise à la tiède senteur.
J'ai l'oreille tendue à ce bruit enchanteur.
Délie entre mes bras, d'une ardeur sans pareille,
Haletante d'amour, murmure à mon oreille :
Je t'aime; et sur son sein me pressant tendrement,
Elle rompt de la nuit le *silence* charmant,
Et mille mots gracieux modulés sur sa lèvre
Apaisent mon transport d'une érotique fièvre.
Continue à jamais ces doux susurrements,
Qui me rendent le plus fortuné des amants.
Je les trouve trop courts, ô ma chère Délie,
Fais-les toujours durer, c'est moi qui t'en supplie.

ÉPIGRAMME CONTRE LES VOLEURS

Par Jean Sénamand jeune

Ne dis pas que je veux te prendre au dépourvu :
Si tu rentres voleur, tu sortiras mordu
Par mon fier bouledogue au crochet si crochu.

ÉPIGRAMME CONTRE LES MAUVAIS POETES

Traduite du latin par Jules Léon

LE POMMIER

Pourquoi donc, ô fermier, tes plaintes monotones
Vainement s'adressent à moi ?
Et tu me demandes pourquoi,
Stérile, j'ai vu s'écouler deux automnes,
Moi dont les fruits chargeaient les vigoureux rameaux ?
Tu crois peut-être que mes maux
Viennent du poids des ans ? que la grêle traitresse,
Exerçant sur mes dons, sa fureur vengeresse,
A causé ma détresse ?
Les derniers froids d'hiver, en gelant mes bourgeons,
Dans leur germe ont détruit mes jeunes rejetons ?
C'est le vent, diras-tu, l'aquilon en furie,
La sécheresse ou bien la pluie ?
C'est l'étourneau, le geai, ce rapace voleur,
La corneille caduque, ou l'oison fort nageur,
Ou l'altéré corbeau qui cause ton malheur ?
Détrompe-toi. Ce sont tous ces vers détestables,
Qui sous leur poids maudit accablent mes rameaux,
Ces distiques intolérables,
Qui seuls ont pu causer tous mes maux
Innombrables.

N. B. — Cette pièce est extraite d'un recueil intitulé : *Priapeïa veterum,* dont M. Jules Léon a fait pour la première fois, la traduction en prose et en vers, en un manuscrit qu'il a donné à la Bibliothèque impériale de Bordeaux. Voici, au reste, la lettre de feu et regrettable Calixte Dupont, bibliothécaire en chef, à l'auteur de ce curieux travail :

MONSIEUR JULES LÉON,

J'ai reçu la traduction manuscrite que vous avez bien voulu offrir à la Bibliothèque de la ville.

Vous avez eu à vaincre de nombreuses difficultés, pour exprimer en français, des choses qui répugnent à la délicatesse de notre langue. Il serait injuste de refuser à votre travail, sous ce rapport, le mérite de la difficulté vaincue.

Je vous prie d'agréer mes remerciements, et d'en faire agréer également l'expression à M. F. Etienne, votre collaborateur (pour la prose seulement).

Le Conservateur de la Bibliothèque,
Calixte DUPONT.

Bordeaux, 17 février 1859.

(Note de M. Jean Sénamaud jeune.)

UN TOUR DE FORCE OU LES NOMS PROPRES

Dédié à Mlle Jeanne et à M. J.-L. Nelo, ex-rédacteur en chef du Chimiste

PAR JEAN SÉNAMAUD JEUNE

Jean Vallet, Lucien, Dumas, Castest, Bertin,
Alfred Goduchaud, Jeanne et Jacques Martin,
Loulou, les perroquets, Jacquottard, Malaurie,
Laure, Nélo-Beylocq, Jantie de Pélisson,
Les deux Tolu, les chats, Mathé, les deux Marie,
Labourse, Saint-André, Ribet avec Brisson,
Forment le personnel de ce laboratoire,
Dont le père Kermann éternise la gloire,
Alors que Monychus d'un susurrant ron-ron
Fait vibrer les échos de mon charmant salon.

QUATRAIN

Dédié à Mlle C., par Jean Sénamaud jeune

Votre œil intelligent
Provoque le délire,
Et rien qu'en le voyant,
Le poète s'inspire.

SONNET

SUR LE BONHEUR DES CHAMPS

Par Jean Sénamaud jeune

A M. JEAN DE BONY DE LAVERGNE

A des gens laborieux cédant ma propriété,
Vers l'âge de trente ans je quittai mon village,
Pour me rendre au milieu d'une immense cité,
Et rompre à tout jamais avec le labourage.

Rien ne s'oppose encore à ma félicité,
Car je puis tous les jours rencontrer de l'ouvrage.
Que dis-je? le travail... noire fatalité,
En ces lieux comme aux champs, ma frayeur l'envisage.

Mais que faire? rester comme un fantôme errant?
J'aime mieux retrouver ma femme et mon enfant,
Retrouver mon bonheur, mon hoyau, ma faucille.

O souvenirs chéris que je voulus quitter,
Je laisse pour toujours cette infernale ville
Que j'eus tort un instant de vouloir habiter.

POÉSIE

Par Édouard Lamothe

LES PLAINTES D'UNE FLEUR (1)

Petite fleur jolie
Par mes mains cueillie,

(1) Hommage rendu à la mémoire d'un jeune poète bordelais, enlevé à la fleur de l'âge par une mort prématurée, à de vives et sincères affections.

Conserve ta fraîcheur.
J'irai vers ma Laure,
Au point de l'aurore,
Montrer ta couleur,
Puis t'offrir moi-même,
Fraîche fleur que j'aime,
A l'ange adoré
Qui verse dans l'âme,
Une douce flamme,
Un songe égaré.
Mais quoi, tu te *penche*
Sur ta tige blanche?
Dis-moi tes douleurs,
Pourquoi la rosée,
Dans ton sein troublée
Ressemble à des pleurs...
Hélas! tu m'as ravie
Au matin de ma vie,
O trop cruel amant.
Ma fraîcheur qu'aime Laure,
A la première aurore,
Ne sera que néant.
Sur les tiges fleuries,
Auprès de mes amies,
Et loin de tes amours,
Dans les vertes campagnes,
Au sein de mes compagnes,
J'aurais coulé mes jours?
Mais non: dans une fête,
Une jeune coquette
Me mettra sur son sein.
Deux heures d'existence,
Voilà mon espérance,
Et mon fatal destin.

SONNET

PAR JEAN SÉNAMAUD JEUNE

A M. A. Roche, instituteur, à Saint-Priest-Ligoure (Haute-Vienne).

MAI

La nature se pare et tout se renouvelle,
Le radieux printemps reverdit nos vallons,
Et l'astre aux rayons d'or chasse les aquilons,
Qui nous font frissonner dans la saison cruelle.

Le vaillant laboureur admire ses sillons,
En voyant prospérer sa récolte nouvelle.
Les oiseaux dans les airs répètent leurs chansons,
Pour bénir le retour de l'aimable hirondelle.

Pourquoi ces airs joyeux, ces refrains si touchants,
Qui bercent dans l'amour mille rêves charmants?
C'est le beau mois de mai qui s'empresse d'éclore.

Il nous comble de joie, avec pompe il décore
Le tapis de nos prés, où la menthe et le thym
Boivent en flots d'argent, la sève du matin.

ÉPITAPHE D'UN IVROGNE

Faite par lui-même

Ta divine liqueur, mon bien-aimé Bacchus,
A fait dire de moi que j'étais un ivrogne.
Eh bien! oui, je le dis, franchement, sans vergogne,
J'adorai le bon vin... Hélas! je n'en bois plus.

AUTRE

(Parodie de Martial)

Quand je mourrai, très cher, mettez une bouteille
De bon vin de Bordeaux
Ou de Château-Margaux,
Dans ma tombe de marbre, en cas que je m'éveille.

LOGOGRIPHE AU PLUS MALIN

EXTRAIT DU SPHINX MODERNE

Par Jean Sénamaud jeune

Avec huit pieds, je suis une petite plante.
Semée au printemps par le jardinier,
Pour croître et servir au bon cuisinier.
= Si je perds trois pieds, je suis méchant, je tourmente.
L'homme qui ne veut pas céder à mon désir,
Éprouve du chagrin, mais non pas du plaisir.
Je suis une ancienne mesure itinéraire;
Veuillez me parcourir et me casser un pied,
Sans aller sur-le-champ chez le vétérinaire,
Car j'aime mieux rester perclus et estropié :
= N'ayant que quatre pieds, je suis bien plus agile,
Je possède des cornes, un objet très utile
A toutes sortes d'arts; j'habite dans les bois;
Vaillant chasseur, tu ris alors que tu me vois;
Plus d'un animal est fort mon semblable,
Et sur le vert gazon, moi je dresse ma table;
La tête et le front haut, tout fier de ma beauté,
Je parcours les forêts avec légèreté;
J'enveloppe le corps que je viens de décrire;
Mais avant d'être ce que je veux bien vous dire,
J'ai besoin de passer par mainte habile main;
Je fume sur l'autel pour le grand souverain.
= Avec trois pieds je suis un animal sauvage,
Un élément qui peut causer un grand ravage,
Un chemin, une ville, un métal très commun
Répandu dans tous lieux et connu de chacun;
Un végétal amer, une vieille monnaie
Dont on ne se sert plus pour payer la journée;
Mais j'existe au milieu des eaux.
= Mes deux pieds toujours verts croissent près des tombeaux;
Ils forment un pronom, ils forment une ville;
Les connaître, lecteur, n'est pas chose facile.

. . . .

Pourtant mes nombreux pieds vous ont été nommés,
J'espère que par vous ils seront devinés.

N. B. — Les cinq premières personnes qui devineront ce logogriphe sont priées d'envoyer leur adresse, afin que nous puissions leur faire parvenir *franco* et *gratis*, à titre de prime, la brochure du *Dahlia bleu*. Les noms des *devineurs* seront publiés dans le *Sphinx moderne (ouvrage sous presse)*, par Jean Sénamaud jeune.

UN MOT
sur
LA DÉCENTRALISATION
LITTÉRAIRE ET ARTISTIQUE

par Jean Sénamaud jeune

Dédié à M. H. Minier, de l'Académie de Bordeaux

Dans les nombreux ouvrages qu'il a publiés à Bordeaux, M. Jules Léon a justement attaqué corps à corps le vampire cruel de la centralisation littéraire, et ce vampire a nom Paris. Ce vampire vomit une infinité de mauvais ouvrages, d'ignobles productions que la province a le tort d'accueillir à bras ouverts, en ouvrant une large bouche de Céladon ou de Don Quichotte, tandis que dans cette pauvre province, une foule de génies inconnus et oubliés, s'étranglent sous la sanglante étreinte du découragement et du désespoir.

Nous ne pouvons pas nous dispenser de parler un peu de

l'influence désastreuse que produit le prestige de certains noms sur la bonne et saine littérature. Parce qu'un auteur est connu, il lui est permis de bafouer toutes les règles du bon goût et du bon sens; de substituer souvent des mots incohérents à des idées consistantes. Ce reproche trouve son application à un recueil de poésies lyriques et chantantes, sur lesquelles aujourd'hui les moutons du journalisme s'extasient et se confondent en éloges!

Au reste, résumons-nous dans ces quelques vers, où l'on retrouvera l'idée primordiale de ce modeste article :

Certains auteurs connus par leurs nombreux ouvrages
Profitent de leur nom,
Pour séduire un public ignorant ou trop bon,
Qui ne voit pas, hélas ! que tous leurs *gribouillages*
Sont dépourvus de sens, de rime et de raison.

« *Vous n'êtes pas connu.* » Telle est la vieille et stupide rengaine des éditeurs. Mais après tout, l'homme qui a des titres et un talent sérieux, pour être connu, doit avoir le moyen de se faire connaître, et vous le lui refusez, ô éditeurs, car c'est vous qui, dans ce cas, tenez la clef de la caisse aux louis d'or de la renommée. O éditeurs, soyez de meilleure composition, et il y aura moins de moribonds dont le dernier soupir est pour vous une malédiction. *Væ vobis.* « Il » est temps, a dit M. Jules Léon, de faire justice de toutes » ces soi-disant merveilles que la capitale jette à la tête » d'une trop confiante et bénévole crédulité. » (*Mémoire sur la fabrication économique du sucre,* honoré d'une médaille d'or de 120 fr., *Concours de Lyon* 1861.)

POÉSIES TIRÉES
DES FLEURS ANTIQUES

TRADUCTIONS ET IMITATIONS DES POÈTES ANCIENS

Par Jules Léon

A la mémoire de M. Goût-Desmartres

A TORQUATUS

(HORACE, ODE VII LIVRE IV)

La neige en clairs ruisseaux découle des montagnes,
Et les gazons fleuris émaillent nos campagnes ;
Les bourgeons précurseurs des feuillages naissants
Ont chassé de l'hiver les rameaux jaunissants ;
Les torrents qui comblaient les cavernes profondes
Dans leurs lits rétrécis ont resserré leurs ondes ;
Réprimant aussitôt leur cruelle fureur,
Les fleuves ont repris leur normale lenteur.
En se parant de fleurs, la riante nature
Revêt pour le printemps sa nouvelle parure,
Et les nymphes, voyant renaître les beaux jours,
Recommencent leurs chants et leurs tendres amours.
Vivons au jour le jour ; méprisons la fortune.
Sait-on si de la mort la colère importune,
Frappant sur les humains sans degré ni raison,
Nous permettra de voir la lointaine saison ?
Chaque heure qui s'enfuit, chaque instant qui s'écoule,
Annonce que du temps le char rapide roule.

L'hiver chasse l'automne et l'été le printemps,
Qui fait fuir loin de lui les rigoureux autans.
Des astres vagabonds les vigilantes courses
Sont des mêmes saisons les éternelles sources ;
Mais nous, dans les enfers une fois descendus,
Nous sommes les égaux et d'Énée et d'Ancus.
De nous que reste-t-il? Une ombre fugitive,
Des atomes légers d'une cendre chétive.
Qui sait, cher Torquatus, si nous verrons demain
S'ajouter à des jours comptés par le destin.
D'un successeur amoindrir l'héritage,
Pour jouir de la vie, est un principe sage.
Quand Minos aux enfers balancera ton sort,
Rien ne te sauvera des rigueurs de la mort.
Noblesse, écus, talents, mérite incontestable,
Ne pourront te ravir au juge inexorable.
Diane en vain supplia le terrible Minos
Pour son chaste Hippolyte, et Thésée en héros
Essaya vainement, sur la rive infernale,
D'arracher Pirithous à la Parque fatale.

Vitry-sur-Seine (près Paris), mars 1854.

ODE IV, LIV. I

(HORACE)

Le doux printemps renaît et ses tièdes haleines
Du rigoureux hiver ont terminé les peines,
Et les grinçants leviers au sillage des eaux
Ramènent sur la mer les agiles vaisseaux.
Les bondissants troupeaux délaissent leurs étables,
Les braves laboureurs, toujours infatigables,
Ont quitté du foyer les tisons pétillants,
Pour aller redonner la façon à leurs champs.

Les nymphes et Vénus, les grâces, la décence
Frappent d'un pied égal sur le sol en cadence.
Quand de l'astre des nuits l'argentine clarté
Au plus haut de son cours ses rayons a porté,
Des Cyclopes hideux rallumant la fournaise,
Vulcain fait scintiller l'incandescente braise.
Que notre front paré de bachiques ardeurs,
Se couronne de myrte entrelacé de fleurs
Que la terre fournit. En pompeux sacrifices
A Faune des troupeaux présentons les prémices,
Soit qu'il aime à goûter le fumet de l'agneau,
Soit qu'il se plaise encore à tâter du chevreau,
Dans les vallons touffus ou dans les bois champêtres
Plantés de frais ormeaux ou de verdoyants hêtres.
La mort, la pâle mort frappe et brise à la fois
Cabanes et palais, prolétaires et rois.
O bienheureux Sextus, profitons d'une vie
Qui par l'affreux Pluton nous est trop tôt ravie.
Évitons de former des projets trop lointains,
Tel est pour nous l'arrêt des rigoureux destins.
Le terrible Cocyte, épouvantail du monde,
Nous englobera tous dans une nuit profonde,
Et tous, hélas! repus d'infernales horreurs,
Nous cesserons d'élire un roi des gais buveurs.
Tu ne reverras plus l'adorable sourire
Du charmant Lycidas pour qui chacun soupire,
Et nos belles bientôt recherchant ses faveurs,
Ressentiront pour lui de nouvelles ardeurs.

DIALOGUE

Entre le Poète et la Porte d'une Femme galante

TRADUIT DE LA 67e PIÈCE DE CATULLE

Par Jules Léon

LE POÈTE

Porte du vieux Balbus, à tes maîtres fidèle,
Salut à toi ; merci de ton antique zèle.
Que les destins guidés par le maître des rois
Daignent récompenser ta bonté d'autrefois.
Pourquoi, par un forfait dont frémit la nature,
Aux lois de ton serment te montres-tu parjure?
Pourquoi favoriser, en prêtant ton concours,
Une épouse infidèle, aux coupables amours?
Une maîtresse impure, odieuse et changeante?
Pourquoi donc, chère porte, être si tolérante?

LA PORTE

On jase sur mon compte. Hélas ! je n'y peux rien ;
Puisse Cœcilius de moi te parler bien.
Je suis irréprochable, et la légère foule
Dans ses propos badins sur sa langue me roule.
Parbleu, je sais assez qu'on fait tous ses efforts
Pour me trouver en faute et me donner les torts.

LE POÈTE

Mais ce n'est pas assez d'un mot, d'une parole :
Des preuves il me faut l'inflexible contrôle.

LA PORTE

Des preuves! Pour le coup, si l'on me demandait...
Mais à mes actions qui s'intéresserait?

LE POÈTE

Qui s'intéresserait? Moi; réponds avec suite.

LA PORTE

Je vais te satisfaire à l'instant, tout de suite.
Je parlerai d'abord sans nul voile imposteur.
Ma maitresse à l'hymen n'a point porté sa fleur,
Car aux combats d'amour son débile et pauvre homme
Était impropre, hélas! et ne pouvait, en somme,
Aller cueillir la rose à l'éclat purpurin.
Mais son père, un bon drille, un scélérat malin,
Excité par le feu de la concupiscence,
Malgré les saintes lois d'une juste décence,
Plein de brûlants désirs encore inassouvis,
Prit le poste d'honneur délaissé par son fils.
Soit qu'un penchant impie à ce cœur si coupable,
Fît brûler une flamme en tous points déplorable,
Soit qu'il fallût aider un époux sans vigueur,
A rompre cette glace au reflet enchanteur.

LE POÈTE

Pour un père, grands Dieux! quelle sollicitude,
De seconder son fils dans ce métier si rude!

LA PORTE

Le père n'est pas seul. Pour ses galants exploits
Il a des adjudants, chaque jour je le vois.
Brescia, cette ville aux riantes collines,
Vérone la chérie aux campagnes divines,
Les champs où le Méla serpente en flots dorés,
Son onde salutaire à nos riches guérets

Te rediront les noms des amants de la dame,
Cornélie et Posthume à l'amoureuse flamme.
Quelqu'un ici dira : comment donc se peut-il,
Porte, que tu connaisses et découvre le fil,
De toute cette intrigue à la voix orageuse,
Sans ouïr du public la rumeur facétieuse,
Sur tes gonds ne faisant que fermer et qu'ouvrir,
Quand ta maîtresse rentre ou qu'elle veut sortir ?
Très cher, voici le fin, apprends de moi la chose.
Après le crépuscule et quand la nuit est close,
Ma maîtresse tout bas, frémissante d'amour,
A ses entremetteurs rappelle tour à tour
Le nom de chaque amant, et sans qu'elle s'en doute,
Avec attention je l'épie et l'écoute.
Outre les trois amis que je t'ai dénommés,
Ma maîtresse en possède encore un autre... Mais
Je dois taire son nom, il pourrait, en colère,
Grimacer contre nous une menace altière ;
Pour te faire plaisir, je le désignerai :
C'est ce grand vilain sot au poil fauve doré,
Un impur rejeton, méconnu de son père,
Déclaré par procès fils de femme adultère.

Bordeaux, le 9 mai 1861.

L'ORGIE SANGLANTE

PAR

JULES LÉON ET JEAN SÉNAMAUD JEUNE

A P. Boyer, de Limoges

Il est nuit. Onze heures sonnent à la tour de Londres. Les fenêtres du château de Withewal (résidence royale) sont brillamment illuminées. C'est fête au manoir. Autour d'une table servie avec tout le luxe des cordons bleus de l'an de grâce 1327, sont assis douze seigneurs richement vêtus de l'uniforme des gardes de la reine.

Le choc des verres, les refrains bachiques et obcènes, les jurons les plus excécrables, animent le tableau de ces faces enluminées par la pourpreuse ivresse. Des propos plus que galants sortent de ces bouches avinées, et la conversation roule sans aucun ménagement, sans nulle retenue, sur la reine Isabelle d'Angleterre dont les érotiques exploits, bien connus, servent de texte au langage dévergondé de ces énergumènes de la débauche. Des applaudissements frénétiques, des hurlements farouches couvrent souvent la voix du narrateur. C'est l'orgie déchaînée qui mugit dans toute sa férocité.....

Soudain la porte s'ouvre, et alors apparaît aux regards de ces furieux, une femme plus que légèrement vêtue, les épaules et les bras d'une éblouissante blancheur, complètement nus. Le sein de cette créature, qui semble taillé dans le marbre de Paros, est enveloppé d'un réseau d'or et de soie rose. Ses cheveux sont coquettement relevés par un diadème orné antérieurement d'un rubis éclatant comme Lucifer... Les traits de cette femme sont d'une irréprochable beauté, mais de cette beauté satanique qui mène à la perdition... le démon de la luxure la plus fougueuse anime ce beau corps... C'est la reine Isabelle, l'épouse d'Édouard II, roi d'Angleterre.

Les yeux de tous les assistants se braquent sur cette princesse aux instincts et aux appétits indignes du rang où le sort l'a placée. Loin de baisser la tête, loin d'éprouver cette fièvre de pudeur qui aurait dû être l'apanage de son sexe, Isabelle regarde audacieusement tous les seigneurs, et d'un geste tout à fait libre, elle demande la parole. Chacun se tait, et la reine parle en ces termes :

« Seigneurs et vassaux de la couronne, vous connaissez tous les coupables faiblesses du roi Édouard II, ce misérable auquel je n'ose plus donner le nom d'époux qu'il a cessé de mériter. Vous savez sa conduite à mon égard et ses lâches condescendances pour son impur favori, l'infâme Spencer, auquel le bourreau a naguère arraché par mes ordres, et devant moi les instruments de sa lubricité !!! Eh bien! nobles et braves défenseurs, je viens chercher parmi vous le ministre de ma vengeance. Je vous préviens qu'elle sera terrible. Le criminel Édouard II se repentira trop tard des tourments que ses goûts dépravés m'ont fait endurer. Voici le châtiment que je veux infliger à ce monarque pervers et adultère : Il faut que l'un de vous perce ses entrailles avec une barre de fer rouge qu'entourera un tube de corne, pour déguiser toute trace de violence. Le moment est favorable : le monstre est plongé dans un profond sommeil, il ne se réveillera plus... Ma main, mon amour et le trône, voilà le triple prix du serviteur dévoué à ma vengeance. »

A cette affreuse proposition, onze seigneurs reculèrent. Seul, le comte de Mortimer alla vers la reine et lui dit d'une voix brève : « Reine, soyez à moi, et je serai à vous pour la vie. » Pendant que tous les autres seigneurs tombaient ivres-morts sous la table, la reine et Mortimer choquèrent leurs verres, et celle-là l'introduisit dans la chambre. En se livrant corps et âme à Mortimer, Isabelle mettait son honneur et sa dignité aux sanglantes enchères de son implacable ressentiment.....

. . . .

A trois heures du matin, un homme se glissant dans l'ombre, s'approchait du lit d'Édouard II, une barre de fer incandescente à la main. Cet homme découvrit l'auguste dormeur, et mettant le métal rougi sur le flanc du prince, il l'enfonça profondément dans les chairs à la faveur d'un tube en corne. On entendit alors un cri semblable à celui du tigre blessé à mort... puis le silence et la tombe. La vengeance d'Isabelle était consommée.

Huit jours après, Mortimer, devenu publiquement le premier ministre et l'amant d'Isabelle d'Angleterre, était le dépositaire du souverain pouvoir.

Mortimer convoque aussitôt le Parlement, afin d'exiler

Édouard III, le jeune fils d'Édouard II. Ce parlement refuse d'obtempérer aux vœux de l'usurpateur. O présage épouvantable! Celui-ci, en descendant de la tribune, vit sur un des degrés une traînée de sang ayant la forme d'une croix... Mortimer tombe évanoui Dans une de ces hallucinations, si communes dans les défaillances, il vit ce jeune Édouard III, le fils de sa victime, lever sur lui le fer vengeur. Un cri rauque et inarticulé s'échappa de la poitrine de Mortimer qui revint à lui et s'éveilla.

. . . .

A trois ans de distance, le songe était passé à l'état de réalité. Édouard III, devenu roi de la Grande-Bretagne, pour venger son père, envoya Mortimer au gibet et emprisonna sa mère dans le château de Rissin, où elle succomba sous la double étreinte du remords et de l'infortune...... Fin digne d'une telle vestale du crime.

JULES LÉON
et JEAN SENAMAUD JEUNE.

Bordeaux, le 18 octobre 1865.

FIN

Maison CHAYNES et MALICHECQ, cours d'Aquitaine, 57 — Chaynes, imprimeur

www.ingramcontent.com/pod-product-compliance
Ingram Content Group UK Ltd.
Pitfield, Milton Keynes, MK11 3LW, UK
UKHW022144170726
13837UKWH00004B/1776